AF247214

Henri CAREY

D'ALGER

A

TUNIS

NOTES D'UN ALPINISTE

Congrès du C. A. F. en Algérie, Avril-Mai 1886

GENÈVE

IMPRIMERIE CHARLES SCHUCHARDT

1886

HENRI CAREY

D'ALGER

A

TUNIS

NOTES D'UN ALPINISTE

Congrès du C. A. F. en Algérie, Avril-Mai 1886

GENÈVE

IMPRIMERIE CHARLES SCHUCHARDT

1886

I

Alger et ses environs. — Les Aïssaouas. — Les gorges de la Chiffa. — Blidah.

Voir l'Orient, cette terre merveilleuse des *Mille et une nuits*, ce pays de l'éclatante lumière aux tons chauds, aux paysages bizarres, à l'étrange population où tant de civilisations remarquables se sont succédées, n'est-ce point là le rêve caressé par chaque voyageur, par chaque artiste, par tous ceux que poursuit la nostalgie des horizons lointains et des scènes pittoresques, par le touriste avide d'impressions profondes et de paysages nouveaux? Aussi ne faut-il point s'étonner si l'occasion offerte par le C. A. F. de visiter l'Algérie et la Tunisie à propos du Congrès d'Alger en 1886 a été saisie par un nombre considérable d'alpinistes. Pour la première fois les annales des clubs alpins ont enregistré une excursion en commun de la durée de trente jours, accomplie par des caravanes aussi nombreuses, avec une réussite parfaite. La Suisse y avait dix-sept représentants. Ce sont les impressions de l'un d'eux que nous essaierons de résumer ici.

Le mardi 20 avril, à 5 heures, la *Ville de Madrid* encombrée d'alpinistes quittait le port de Marseille par une petite brise qui bientôt se changeait en un coup de vent dont l'intensité allait crescendo. L'énorme paquebot à peine sorti du port danse comme une coquille, plongeant entre les lames qui l'inclinent fortement sur le flanc, aussi les figures s'allongent et deviennent livides, chacun déserte le pont pour gagner sa cabine d'où il ne ressort que le lendemain, hâve et chancelant, attiré par le soleil brillant et le spectacle admirable de la nappe bleue de la Méditerranée dont les eaux calmées reflètent un ciel sans nuages. — Les Baléares sont en vue; c'est une longue ligne dominée au nord par un sommet montagneux. Le paquebot s'en rapproche avec rapidité et l'on voit se dessiner des falaises rouges, semées de verdure sombre, en arrière desquelles scintillent les murs des habitations en pleine lumière. Port-Mahon se présente comme une masse blanche, puis voici un phare à l'extrémité des îles, notre navire s'éloigne rapidement et tout cela va en se perdant peu à peu à l'horizon. Notre contemplation est distraite par l'arrivée d'une troupe d'acrobates, je veux dire de marsouins, qui se livrent à l'avant du navire à des culbutes et à des sauts périlleux du plus amusant effet. Vers 10 heures du soir les lumières du port d'Alger sont en vue et à minuit nous débarquons, non sans regretter de ne pouvoir jouir du beau spectacle que présente Alger à l'arrivée de la haute mer.

Pour un Européen qui se réveille à Alger, quelques heures après avoir quitté Marseille, l'impression est étrange; non pas celle produite par la ville elle-même, car elle est d'un aspect tout français : les rues sont modernes; les édifices somptueux mais sans caractère sont ceux de toutes les villes de province; mais ce qui frappe tout d'abord, c'est l'étrangeté de cette population bariolée, aux costumes pittoresques et variés; c'est le mélange des nationalités, le type remarquable des indigènes, la beauté et la fierté d'allure du moindre mendiant en haillons; c'est le heurt des deux civilisations se traduisant par le mélange baroque du vêtement européen et du burnous arabe.

La femme voilée qui ressemble à un paquet de linge ambulant au milieu duquel brille une paire d'yeux noirs est aussi d'un aspect fort étrange. L'oreille n'est pas moins frappée que les yeux par le vacarme de la rue. Ces gens qui crient avec un accent rude et guttural ont toujours l'air de se disputer, et le malheureux touriste déjà abasourdi est encore assailli par les obsessions des innombrables gamins déguenillés et nu-pieds, qui se jettent dans ses jambes avec leur boîte à cirage et l'assassinent de leur : « Cirer Moussiou ? »

Les quais d'Alger bordés de grandes maisons modernes dominent d'une grande hauteur le port entouré de hautes arcades sous lesquelles s'abritent des entrepôts et magasins de toute espèce. C'est là que se trouve un musée des produits de l'Algérie, avec exposition permanente, qui ne manque pas d'intérêt. Près du port se trouvent les deux principales mosquées d'Alger : Djema Kebir, la grande mosquée, présente sur la rue de la Marine une série d'arcades dentelées d'un effet assez élégant. L'intérieur très vaste est dénué de toute décoration ; des nattes et des tapis étendus à terre ou régnant à hauteur d'appui le long des murs en forment le seul ameublement, mais on comprend que le demi-jour, la tranquillité et la fraîcheur de ces vastes salles attirent les Arabes qui tout en récitant leurs prières trouvent là un délicieux endroit pour le farniente qu'ils affectionnent. Au milieu, une cour à ciel ouvert, ombragée d'un beau figuier, contient la fontaine aux ablutions; plus loin, dans la cour servant de vestibule d'entrée, un mufti siège sous un portique où il rend la justice.

La mosquée de la Pêcherie, Djema-Djedid, sur la place du Gouvernement est une vaste agglomération de murs blancs surmontée d'une grosse coupole et d'un minaret en forme de tour carrée; ce dernier contenant l'horloge de la ville a chacune de ses faces agrémentée d'un immense cadran. L'intérieur en est également très fruste.

Le bas de la ville est traversé parallèlement aux quais par les rues Bab-el-Oued et Bab-Azoun, occupées par le commerce européen et bordées d'arcades; un peu plus haut se trouvent l'archevêché, le musée-bibliothèque ainsi que le palais du gouverneur qui occupent tous trois d'anciens édifices présentant de beaux restes de l'architecture arabe. On retrouve là la cour mauresque avec sa riche décoration de faïences, ses galeries, ses arceaux sculptés, ses balustrades et ses portes en bois ouvragé et les dentelles fouillées dans la pierre des encadrements.

Non loin de là commence le quartier de la Cas-

bah qui comprend toute la partie haute de l'ancienne ville. C'est ici que l'on pénètre dans la
vieille cité musulmane aux rues tortueuses, étroites et montantes, aux maisons basses et surplombantes, agglomération de murailles blanchies à la
chaux avec de rares ouvertures grillées et des
étages supportés par des porte à faux formant
de véritables forêts de perches blanches. Ces ren-
flements de chaque côté de la rue arrivent par
places jusqu'à se rejoindre ne laissant plus apercevoir le ciel et maintiennent dans les ruelles de
ce labyrinthe une ombre mystérieuse que trouble
seul le bruit des pas des rares passants européens. De temps en temps l'apparition blanche
et silencieuse d'un Arabe en burnous rase les
murs et le voyageur baisse instinctivement la voix
pour ne pas troubler les échos de ces lieux sinis-
trés, dont l'étrangeté lui fait oublier qu'il vient de
quitter cent pas plus loin le mouvement et l'agitation d'une grande ville ! Par-ci par-là un bout
de mur ou un escalier badigeonnés en bleu de
ciel rompent l'uniformité des murailles et derrière
les barreaux des petites fenêtres on aperçoit la
tête grimaçante de quelque négresse, la face jaunâtre d'une mauresque ou la coiffure étrange et
le teint bistré d'une Ouled-Naïl.

Ce quartier est en effet devenu le refuge des

nombreuses prostituées d'Alger et s'il présente le soir une animation beaucoup plus grande, il n'est pas très prudent au touriste de s'y aventurer seul au milieu de cette population hétéroclite d'Arabes, de matelots espagnols et d'aventuriers de toute nation.

La Casbah qui a donné son nom à tout ce quartier est l'ancienne forteresse des deys d'Alger. Elle est actuellement en partie ruinée, en partie transformée en caserne. Ses énormes murailles ne présentent plus guère d'intérêt; en revanche, le coup d'œil que l'on a de là sur la ville d'Alger, ses faubourgs, le port et la mer est admirable. L'œil est tout d'abord attiré par la blanche cascade de toits en terrasses du vieux quartier arabe qui descendent jusqu'à la mer, ensuite par le port dont les jetées enserrent de nombreux navires et vapeurs; de chaque côté de la ville une zone de verdure sombre tranche sur la masse étincelante de blancheur des maisons; plus loin deux autres villes : ce sont les faubourgs de Saint-Eugène et de Mustapha; enfin à droite la ligne des côtes s'avançant au loin dans la mer jusqu'au cap Matifou avec les montagnes de la Kabylie comme toile de fond.

Nous nous arrachons avec peine à ce beau panorama pour redescendre du côté de la place

Bab-el-Oued en passant à la mosquée de Sidi Abderhaman une des plus curieuses d'Alger. On la distingue de loin grâce à son minaret en forme de tour carrée à trois étages d'arceaux superposés et grâce aussi à un énorme cyprès qui s'élance du milieu de la cour et découpe pittoresquement son feuillage noir sur les flancs de la tour. Aux voûtes de la salle principale, assez exiguë, se balancent des trophées de vieux drapeaux et de nombreuses lanternes, tandis que de riches étoffes recouvrent le tombeau du marabout, toujours entouré de fidèles en prière. Autant les autres mosquées paraissent vides, autant celle-là est meublée et habillée. On fait ici des distributions de nourriture aux pauvres; aussi nous visitons la cuisine où l'on est en train de préparer de gigantesques plats de couscouss et nous trouvons la longue rampe d'escaliers qui conduit à la mosquée encombrée d'une foule d'estropiés et de loqueteux, véritable cour des miracles, d'où s'exhale une mélopée plaintive et nasillarde à l'adresse des passants auxquels des mains sans nombre réclament l'aumône.

C'est avec un soupir de soulagement qu'on échange à deux pas de là ce spectacle pénible contre l'aspect enchanteur du jardin de Marengo, charmante promenade plantée de palmiers et d'arbres de toute essence débordant partout d'une végétation luxuriante, en pleine floraison.

Outre la visite de la ville et de ses curiosités, la section de l'Atlas nous avait ménagé pour ce jour-là la surprise d'une réception chez un riche maure d'Alger. Conduits par détachements chez cet hôte aimable qui accueille chaque alpiniste franchissant son seuil par un : « Soyez le bienvenu, » nous sommes invités à visiter sa maison, de la cour intérieure jusqu'à la terrasse sur le toit. Des escaliers étroits et rapides conduisent au premier étage entouré de galeries donnant sur la cour et sur lesquelles s'ouvrent les principales pièces de l'habitation. Ces pièces longues et étroites sont entourées de divans très bas où l'on nous engage à prendre place. Devant nous sur de petites tables basses sont posés d'immenses plateaux ronds en cuivre et sur ces plateaux de grands plats en bois remplis de couscoussou avec des morceaux de mouton bouilli et des fèves ; autour du plat un bol de lait aigre pour chaque convive. Chacun est invité à s'armer d'une cuillère de bois et à piocher dans le tas; notre hôte nous donne l'exemple et tous d'ingurgiter couscouss, mouton et lait aigre, non sans trouver ce mets un peu fade et étrange pour des palais européens. Passant ensuite dans une autre pièce, on nous offre le café arabe, exquis celui-là et qui nous plaît beaucoup mieux que le couscouss. Cette réception pleine de couleur nous enchante et la satisfaction serait complète si l'œil n'était agacé par la vue au milieu de cet intérieur oriental d'affreux meubles de l'occident : armoires à glace, pendules dorées et fleurs en papier sous des globes de verre! Ces échantillons de ce que notre civilisation a de plus banal gâtent singulièrement l'effet produit.

Cette journée est déjà bien remplie, mais le programme porte encore : à 9 heures du soir, séance des Aïssaouas et danses arabes. Nous n'aurions garde d'y manquer. Aussi dès 8 heures le flot des alpinistes se concentre à la mairie et à l'heure dite se précipite à travers les rues sombres et étroites de la Casbah, comme un bataillon qui monte à l'assaut. Les ruelles escarpées et tortueuses s'emplissent du bruit de ce torrent qui s'engouffre sous les passages et les voûtes comme une marée montante et dont le flot ne se laisse ralentir ni par les détours de ce labyrinthe ni par les interminables successions d'escaliers qu'il faut gravir.

Enfin nous atteignons le but, la colonne défile sous une porte basse et nous voici dans une grande cour ornée au centre d'un gigantesque cyprès. Le fond est occupé par un cercle d'Arabes assis en rond autour de quelques chandelles et de deux réchauds allumés. La cour et la galerie qui l'entoure au premier étage sont bondées de spectateurs et bientôt le toit lui-même est bordé d'une rangée de têtes curieuses appartenant aux femmes des maisons voisines qui veulent profiter de la représentation. Les musiciens de la bande entonnent un chant monotone souligné par les coups qu'ils frappent avec ensemble sur d'énormes gongs semblables à de forts tambours de basque Cette mélopée très fatigante prend peu à peu une allure plus rapide et tout d'un coup deux jeunes gens se lèvent et s'enlaçant par les épaules commencent à balancer leur tête d'avant en arrière avec un mouvement violent de dislocation et en suivant le rythme de la musique. On jette de l'encens sur les réchauds et ces malheureux continuent leur manège en avançant la tête au-dessus de la fumée jusqu'au moment où ils sont ou paraissent être complètement hypnotisés. Alors leurs yeux sont hagards, leur expression bestiale et le barnum qui les dirige les jugeant au point voulu commence les expériences.

On leur présente une feuille de cactus hérissée de piquants sur laquelle ils se jettent avec voracité la croquant à belles dents et paraissant attirés invinciblement par la main qui la leur présente. Au point culminant une vieille négresse cachée derrière une porte et qui semble servir de chef de claque, pousse des *ious, ious* prolongés, puis on déshypnotise nos deux gaillards qui s'en vont baiser dévotement le turban des chefs de la confrérie et retournent s'asseoir. La même comédie pénible et dégoûtante recommence après un court entr'acte et successivement nous voyons les *sujets* marcher sur des pelles rougies au feu, se passer de grosses aiguilles à larder au travers des joues et de la langue ou se perforer la peau du ventre, puis, pour couronner le tout, manger des scorpions vivants que l'on a fait, au préalable, circuler sous les yeux de l'assemblée. Un de nos compagnons que ce spectacle affadit, tombe en pâmoison et l'on doit l'emmener prendre l'air. Du reste chacun en a assez et c'est avec satisfaction que nous voyons les danses arabes succéder à ces pénibles jongleries. Quatre mauresques prises parmi les plus renommées d'Alger se produisent à tour de rôle, entre autres Fathma, dite l'Eucalyptus à cause de sa taille élancée. La danseuse tenant en mains une écharpe qu'elle fait onduler au-dessus de sa tête avec des poses gracieuses ne déplace que fort peu ses pieds et tout le mouvement consiste en des balancements des hanches, lascifs peut-être, mais certainement monotones et dont on est vite rassasié, d'autant plus que chaque danse n'est que la répétition de la précédente. Néanmoins les applaudissements ne sont pas ménagés aux *étoiles* d'Alger et bientôt la foule dégringole par les ruelles de la Casbah pour regagner les hôtels de la ville basse.

Le vendredi 23 avril, jour consacré à la visite des environs d'Alger, une file interminable de tramways, omnibus et voitures de toute sorte chargés d'alpinistes s'ébranle dans la direction de Mustapha supérieur. Nous nous élevons rapidement au travers des villas et des jardins pour gagner le Bois de Boulogne, charmante promenade plantée de beaux arbres, surtout d'eucalyptus, d'où l'on a une vue superbe sur la mer, Alger et ses faubourgs.

Le sentier de la Fontaine Bleue qui descend de là vers la mer est bordé d'une admirable végétation débordant de partout; le touriste européen est surtout frappé par l'aspect étrange des haies de cactus énormes et d'aloès gigantesques qui découpent leur bizarre silhouette le long des chemins et poussent partout comme de la mauvaise herbe. Ailleurs des collines sont couronnées de pins du plus bel effet et de tous côtés une végétation puissante et pittoresque enserre les murs des nombreuses villas étagées sur les pentes qui dominent la mer.

Les routes des environs d'Alger sont animées par des convois de bourricots, jolis petits ânes guère plus gros qu'un veau. Nerveux et solides, ils sont toujours pesamment chargés de saches remplies de marchandises ou de matériaux à bâtir, quand ils ne sont pas montés par de grands diables d'Arabes se prélassant paresseusement sur ces malheureuses bêtes qu'ils semblent devoir écraser de leur poids.

En passant nous entrons dans un cimetière arabe. C'est vendredi jour consacré aux femmes; aussi sont-elles là en grand nombre assemblées par groupes sur l'herbe et très occupées à babiller et à manger. Les cimetières sont en effet un lieu de réunion où elles ont l'habitude d'apporter leurs provisions et de passer de longues heures en causeries interminables et en festins; le culte des morts n'est qu'un prétexte !

Près de là se trouve le Jardin d'Essai situé au bord de la mer où il occupe une surface de quatre-vingts hectares. Il a été concédé à la Société générale algérienne qui en fait à la fois une promenade publique et une pépinière. Ce jardin créé en 1832 contient déjà des arbres d'une venue superbe. L'allée des palmiers en particulier présente un coup d'œil merveilleux, de même que celle bordée de ficus gigantesques aux troncs puissants et ramifiés, au superbe feuillage. Les magnolias, les bambous et quantité de plantes les plus diverses rendent ce jardin aussi intéressant pour le botaniste qu'agréable pour le promeneur.

L'après-midi de ce même jour, le convoi de tramways et d'omnibus s'ébranle de nouveau pour nous conduire de l'autre côté de la ville à Saint-Eugène, Pointe Pescade et au cap Caxine.

Après la traversée du populeux faubourg de Saint-Eugène, véritable ville de colons hors des murs, la route toute bordée de chrysanthèmes jaunes suit la mer et passe devant Pointe-Pescade où se trouve un vieux bordj turc ruiné, très pittoresque sur des rochers battus par les flots. A peu de distance on atteint le cap Caxine dominé par un beau phare de première classe lequel est précédé d'un jardin rempli d'une moisson de géraniums en fleur. L'excursion de ce côté de la ville quoique intéressante est toutefois moins remarquable au point de vue de la végétation que les environs de Mustapha. En face du phare se trouve une guinguette, ce qu'on appelle dans le pays un *casse-croûte*; un colon, né malin, qui n'ignore sans doute pas que les alpinistes ont deux sénateurs dans leurs rangs, a décoré la façade de l'établissement d'une charge politique dessinée au charbon : d'un côté un gros sac avec la légende « France » verse ses écus dans le sac « Algérie; » celui-ci est percé d'un trou par où une main crochue intitulée « Administration » soutire les espèces : c'est le « Présent. » De l'autre côté « l'Avenir » est figuré par un gros sac Algérie qui déverse son trop plein dans le sac France sans intervention de l'hydre administrative. Cette caricature naïve ne laisse pas que d'avoir un certain succès d'amusement auprès de notre caravane. Celle-ci, après une courte excursion à la forêt de Baïnen, au-dessus du cap, regagnait Alger, enchantée d'une journée aussi bien remplie.

Samedi 24 à 6 heures du matin notre train d'équipages nous transporte sur les hauteurs qui dominent Alger, par le Fort-l'Empereur et El-Biar à la Bouzaréa. Du point culminant (407 m.) on domine les collines verdoyantes du Sahel et au loin la plaine de la Mitidja. Nous mettons pied à terre précédés par une musique nègre pour visiter le village indigène. A l'entrée de celui-ci le cheik de l'endroit, vieil Arabe qui a fait la campagne d'Italie, nous débite un petit discours pas trop mal tourné après quoi nous avançons dans le village formé de quelques gourbis au milieu d'énormes haies de cactus et de quelques bouquets de palmiers nains. Là, sur un tertre d'où l'on jouit d'une très jolie vue, on nous régale d'une danse de nègres et d'une tasse de café bouillant.

Après cet intermède, visite de la Koubba et du cimetière du village, puis retour en voiture à Birmandreïs, village situé au fond d'un joli vallon. La place est plantée de hauts platanes qui abritent les longues tables du déjeuner ; l'endroit est charmant mais le gargotier chargé du menu l'est beaucoup moins, car il nous affame dans toutes les règles. Si les vivres sont peu abondants, la musique ne manque pas. Les jeunes indigènes de l'école, sous la direction de leur instituteur, exécutent des chœurs fort bien chantés et les intervalles sont remplis par une troupe de nègres qui se livre à des danses sans fin avec accompagnement de tambour et de grosses castagnettes en fer, sorte de cymbales.

De Birmandreïs, notre chemin nous ramène au Jardin d'Essai dont j'ai parlé plus haut. Après une nouvelle visite à ce remarquable établissement nos équipages traversent Mustapha inférieur pour remonter au Palais d'Été du Gouverneur général de l'Algérie. C'est une superbe villa dans le style mauresque entourée de jardins magnifiques dans une situation élevée regardant la mer.

Si tout ne doit pas être rose dans la vie d'un gouverneur, ce séjour féerique est de nature à faire oublier à l'honorable M. Tirmann une bonne partie des tracas causés par ses administrés ! En tous cas l'accueil qui nous est fait est très aimable et un buffet richement servi fait oublier le détestable déjeuner de Birmandreïs.

Dimanche 25 avril. Toutes les écluses du ciel sont ouvertes ; il pleut à verse ! La grande attraction de ce jour ce sont les courses de chevaux et la Fantasia annoncées pour l'après-midi ; mais, hélas ! il pleut, il pleut toujours ! Chacun s'embarque néanmoins pour l'Hippodrome de Mustapha où la Société hippique offre gracieusement l'entrée des tribunes aux alpinistes et comme les chemins sont déplorables on a le choix entre les nombreux omnibus de toute nature qui abondent à Alger. C'est une des curiosités de cette ville que le nombre prodigieux d'entreprises d'omnibus qui sillonnent la cité et ses faubourgs et la variété étonnante de ces véhicules : il y a là un choix complet depuis la vieille patache délabrée aux petites fenêtres étriquées, dont l'Europe ne veut plus — celle-là même qui racontait son odyssée à Tartarin en le berçant de ses cahots — jusqu'à la voiture confortable du tramway moderne.

Le champ de courses d'Alger est immense et

fort bien situé près de la mer, mais, pour le moment, la piste est transformée en marécage et les chevaux soulèvent dans leur course un véritable nuage de boue liquide. Aussi vainqueurs et vaincus rentrent la figure et les vêtements couverts d'une épaisse couche de crotte sous laquelle ils sont méconnaissables !

Pas question de fantasia par un temps pareil.

Le compte rendu officiel du Congrès d'Alger paraissant dans les publications spéciales, je ne dirai rien ici du banquet officiel ni des nombreuses réceptions, fêtes et punchs offerts aux alpinistes. Qu'il me suffise de rappeler que partout l'accueil des sections du C. A. F. et des particuliers aux membres des clubs alpins a été plein de cordialité et de prévenance et que les organisateurs ont assumé une tâche énorme, surtout les chefs de caravanes, tâche qu'ils ont remplie à l'admiration et à la satisfaction de leurs hôtes. Le C. A. italien était représenté à Alger par M. V. Defey le regretté collègue dont nous entendîmes la parole vibrante sans nous douter que sa fin fut si proche. Tous ceux qui l'ont connu ne peuvent que déplorer sa perte.

Lundi 26 avril à 6 heures le chemin de fer nous emmenait aux gorges de la Chiffa. Le temps malheureusement toujours pluvieux n'empêche pas d'admirer en passant la fertilité de cette vaste plaine de la Mitidja qui occupe autour du Sahel un immense quart de cercle de cent kilomètres de long sur vingt-deux de large en moyenne. La superficie, d'après Piesse, dépasse 210,000 hectares et il y a là pour l'Algérie un gigantesque grenier d'un immense avenir.

De la station, des voitures nous amènent rapidement aux gorges de la Chiffa, pittoresque défilé qui ressemble étonnamment à nos gorges des Alpes et au fond duquel serpente une route postale solidement construite. Le ruisseau des Singes que nous atteignons vers midi est une coupure latérale dans la montagne, occupée par un torrent au milieu d'une végétation épaisse et luxuriante. De singes, point hélas! car la pluie les empêche de se montrer. Nous sommes d'autant plus déçus qu'on nous affirme que chaque jour ils viennent se jouer par bandes nombreuses jusque devant l'auberge. Chacun scrute les broussailles, les lorgnettes sont braquées dans toutes les directions, mais rien ne remue et nous commençons à devenir sceptiques, lorsque quelqu'un prétend en apercevoir sur les pentes de l'autre côté des gorges. On tire un coup de revolver et nous apercevons distinctement alors quelques singes qui remontent parmi les broussailles. Satisfaits, faute de mieux, nous allons déjeuner, mais le hangar qui abrite les convives est trop petit pour les contenir tous et ceux qui mangent en plein air reçoivent bientôt un déluge qui allonge les sauces d'une singulière façon! Le pain après quelques minutes est transformé en éponge; le vin n'est plus que de l'eau rougie, aussi c'est un sauve-qui-peut général ; chacun emporte son couvert dans les voitures et ce n'est plus qu'un amusant va et vient d'alpinistes courant de la cuisine à leur abri avec des plats dans chaque main.

Du ruisseau des Singes, retour à Blidah, ville peu remarquable par elle-même mais qui possède un superbe parc dit Jardin Bizot et d'immenses plantations d'orangers fort intéressantes. La principale curiosité de Blidah est le Bois sacré planté de magnifiques oliviers séculaires qui abritent deux koubbas aux murs blancs. Cet endroit est vraiment admirable par l'enchevêtrement pittoresque des frondaisons, la beauté des arbres et la fraîcheur qu'on respire sous leur ombrage.

II

La Kabylie. — Fort-National. — Azazga. — Diffa
dans la forêt.

Mardi 27 a lieu le départ de la nombreuse caravane de l'Est par le train d'Alger à Ménerville
et de là en voiture à Haussonviller et Tizi-Ouzou.
Les chemins sont détrempés et les routes peu
ferrées, sont transformées par place en profondes
fondrières de boues.

La section de l'Atlas soigneuse de notre confortable a fait venir d'Alger des voitures de tramways, mais ces lourds véhicules chargés en
moyenne de vingt personnes s'embourbent à tout
propos et il faut toute la vigueur des six chevaux
arabes dont ils sont attelés pour franchir les montées nombreuses de la route. Par moments les
voyageurs sont obligés de s'atteler aussi pour re-

mettre à flot les roues enfoncées jusqu'aux essieux.

Le pays est montagneux mais dépourvu d'arbres et présente une succession de pâturages qui rappellent certaines régions du canton de Fribourg, moins les forêts.

Ce paysage n'est guère africain et la couleur locale manque tout à fait à Tizi-Ouzou où nous tombons à notre arrivée au milieu d'un « beuglant » en tournée théâtrale. Piano, chanteuse, décor de café-concert, rien n'y manque ! Le soir réception chez le sous-préfet dont les salons sont occupés par des messieurs en frac très occupés autour d'une table de jeu et par des chefs arabes en burnous qui donnent à cet assemblage un faux air de bal costumé.

Le lendemain le temps s'étant mis au beau, chacun s'empresse de quitter les voitures pour couper par les sentiers la route qui monte à Fort-National. Le caractère montagneux s'accentue et la nature devient plus pittoresque, les pentes se couvrent d'oliviers, de figuiers, de frênes vigoureux et les chemins sont bordés de haies de cactus. Bientôt nous atteignons un premier village kabyle, formé de petites maisons basses en maçonnerie couvertes de tuiles courbes. Dans la première maison qui s'offre à nos yeux plusieurs femmes kabyles sont à leur travail. Ces femmes d'un assez beau type ont les bras et la cheville entourés de gros bracelets en argent et leur vêtement très simple est retenu sur la poitrine par des agrafes d'argent d'un travail assez riche. Mais toute cette bijouterie n'empêche pas ces malheureuses d'être occupées à rassembler du fumier, en s'aidant d'un vieux tesson de cruche et à le transporter avec les mains hors de l'étable qui leur sert aussi de logement. Un peu plus loin, voici des femmes qui remontent de la rivière avec une énorme amphore en terre sur le dos, apportant péniblement l'eau nécessaire à la famille pendant que le sexe fort se prélasse et regarde faire.

Fort-National situé à 916 m. d'altitude est un vaste établissement militaire abritant toute une colonie européenne dans ses murs ; les forts et casernes sont précédés d'une longue rue garnie d'hôtels. De Fort-National on a un panorama très étendu sur la large vallée du Sébaou ainsi que sur les nombreux contreforts du Djurjura richement boisés et couronnés sur chaque éminence d'un village kabyle. A peu de distance au sud se profilent les beaux sommets du Djurjura, à une altitude dépassant 2000 mètres, dominés fièrement par la cime neigeuse de la Lella Khedidja qui s'élève à 2308 mètres.

C'est mercredi jour d'un grand marché qui se tient sous les murs du fort. Sur une place ombragée de quelques frênes grouille une foule compacte et pittoresque de Kabyles aux burnous déguenillés qui font un vacarme effroyable.

Ici on dépèce des moutons suspendus aux branches, plus loin des tentes abritent les marchands de cotonnades et de mercerie tandis que des fourneaux en plein vent servent à préparer le café que consomment les indigènes paresseusement accroupis sur des nattes.

Jeudi 29 à 6 heures, les diverses caravanes qui se bifurquent ici pour traverser la Kabylie sont réunies sur la place au milieu d'un tohu-bohu de muletiers arabes qui offrent leurs bêtes au choix des alpinistes. Chaque mulet est harnaché à la diable d'une mauvaise selle en bois tendue de peau de mouton avec deux saches de chaque côté, une corde ou une tresse en paille en guise de bride et pas d'étriers. Chacun choisit sa monture et se hisse péniblement dessus et la troisième caravane, où nous nous sommes enrôlés, se met en route. Cette file de trente-trois mulets est fort originale avec ses muletiers qui courent sur les flancs de la colonne en criant : arrri, arrri! Le chemin étroit et très accidenté monte et descend sans cesse en décrivant des méandres sur les flancs des collines à une assez grande hauteur, dominant à gauche la vallée du Sébaou. Après un trajet de dix kilomètres nous mettons pied à terre à Djema-Saharidj, village kabyle où se trouvent quelques ruines romaines et l'établissement religieux des Pères Blancs. Ceux-ci nous font les honneurs de leur maison et nous offrent un verre d'excellent vin blanc, produit des vignes voisines. La petite mosquée de l'endroit flanquée d'un minaret et entourée d'un bouquet de palmiers et de figuiers est assez pittoresque. Tout près de là une construction en pierre munie d'ouvertures par où l'on entre en se courbant en deux, contient une fraîche piscine traversée d'une onde claire et à côté un bassin servant de lavoir où un Kabyle est occupé à savonner son linge en le pétrissant avec les pieds.

Nous reprenons nos montures et après une nouvelle halte consacrée à un déjeuner champêtre, nous faisons un grand crochet sur la gauche pour gagner le Sébaou et la passerelle qui le traverse.

La route suit la rive droite du fleuve au milieu d'une grande plaine sablonneuse couverte de pâturages. Les arbres ont disparu, les villages aussi; par-ci par-là quelques groupes de gourbis clairsemés construits de branchages entrelacés dont les interstices sont remplis de terre. L'aspect en est misérable.

Vers le soir nous arrivons en vue d'Azazga. Une troupe brillante et colorée de cavaliers s'avance à notre rencontre. Ce sont les administrateurs forestiers d'Azazga avec une escorte de spahis, de chefs arabes et de gardes champêtres en burnous rouges et bleus. Les alpinistes se rangent en escadron pendant que la troupe en question se place à l'avant et à l'arrière-garde; de chaque côté de la colonne les muletiers portant les parasols de leurs *sidis* trottent au pas gymnastique et c'est rangés ainsi en cavalcade originale que nous faisons notre entrée à Azazga, village de colons dans une situation élevée au pied d'un cirque verdoyant de hauteurs.

La caravane est répartie chez les habitants. Notre hôte qui est chasseur nous parle des panthères fort abondantes dans le pays, selon lui, et nous raconte l'histoire de l'une d'elles qui a mangé son chien; il y a aussi, paraît-il, une hyène qui vient tous les soirs se promener dans son jardin. Ceux qui aiment à rêver au clair de lune se sentent un peu gênés par ces récits, tandis que les Tartarins de la troupe s'apprêtent déjà à fourbir les couteaux kabyles achetés à Fort-National et passent l'inspection de leur revolver !

Ni la hyène, ni les panthères n'ayant troublé notre sommeil, vendredi 30 avril, avant jour, nous sommes sur la place occupés à choisir de nouveaux mulets pour la longue journée qui nous attend. L'harnachement en est comme toujours très primitif, aussi, instruits par l'expérience de la veille, chacun le complète par une paire d'étriers faits d'un morceau de corde. Notre troupe s'engage presque immédiatement en pleine forêt. Un large chemin bien tracé s'élève en corniche sur les flancs de la montagne au milieu d'une luxuriante végétation qui forme un berceau de verdure au-dessus de nos têtes. Il y a là des chênes superbes et une grande abondance de chênes-lièges entremêlés de bruyères magnifiques de deux mètres de haut toutes couvertes de fleurs blanches. Ce chemin feuillu qui serpente contre le rocher est d'une fraîcheur et d'une beauté idylliques. A chaque pas nous nous extasions devant ce spectacle et notre escadron trotte joyeusement et plein d'entrain aspirant à pleines bouffées le bon air de la forêt. Nous croisons une bande d'ouvriers kabyles chargés d'écorce de liège puis, après le passage d'un ruisseau, le sentier s'engage sous des chênes gigantesques d'une puissante frondaison pour déboucher bientôt sur une prairie élevée d'où la vue s'étend sur la Lella Khedidja et les cimes voisines du Djurjura. Au loin on aperçoit Fort-National.

Ici nous sommes arrêtés par une députation de Kabyles de la montagne qui voyant avec nous un administrateur en uniforme nous prend pour une commission officielle et nous adresse d'énergiques réclamations au sujet des terres et du droit de pâturage qui leur ont été confisqués à la suite de l'insurrection de 1871. Ces braves indigènes à qui la notion d'un alpiniste est lettre close ne peuvent se décider à croire que nous venions là sans avoir quelque attache avec le gouvernement. Aussi nous poursuivent-ils longtemps de leurs criailleries et de leurs apostrophes véhémentes.

Les mulets dévalent ensuite avec une sûreté de pied étonnante par un sentier abrupt et rocailleux qui partout ailleurs serait impraticable aux bêtes de somme. Traversant un village kabyle pittoresquement disséminé au milieu de chênes-lièges et d'énormes blocs de rochers épars, nous remontons de nouveau pour gagner une échancrure au milieu des bois : c'est le col de Sidi-Ladi. Après l'avoir franchi et être redescendu quelque peu, nous mettons pied à terre dans une clairière entourée de chênes magnifiques de haute futaie qui forment comme une vaste salle aux arceaux de feuillage abritant une petite mosquée, la Djema de Sidi-Ladi.

Quel charme de quitter la selle et de s'étendre sur la mousse sous ces ombrages superbes!

Quel attrait aussi pour des appétits aiguisés par l'air de la montagne de voir près de là deux moutons entiers enfilés sur une broche primitive de branches d'arbre et rotissant en plein vent, tandis que la nouvelle circule que le cheik de la tribu voisine nous offre une *diffa* arabe dans toutes les règles! En effet, de riches tapis du Dhagestan sont étendus sur l'herbe, on forme cercle autour et bientôt sont déposés devant nous sur deux immenses plats de bois les moutons entiers, puis des poulets bouillis et un énorme plat de couscouss avec des cuillères de bois plantées tout autour, enfin du pain arabe, sorte de galette épaisse semblable au biscuit de mer. Quel repas, mes amis, et quel appétit! Chacun taille à même dans les moutons et plante sa cuillère dans le tas de couscouss pendant qu'un cercle d'indigènes nous regarde dévorer. O le joyeux festin et le pittoresque coup d'œil! Qui ne se souviendrait toute sa vie de cette scène pleine de couleur locale, au milieu de cette belle nature, où aucune trace de notre banale civilisation ne venait détonner sur ce tableau si africain! Une fois rassasiés, les indigènes qui nous entourent se partagent les reliefs de la diffa pendant que nous savourons

l'arome d'une tasse de café oriental dont le goût
est si supérieur à la rinçure que nous buvons en
Europe sous ce nom.

Il eût été délicieux de faire la sieste sous ces
beaux arbres mais le temps presse et nous nous
séparons de nos hôtes arabes pour chevaucher
à travers bois dans un terrain détrempé où nos
mulets enfoncent parfois jusqu'à mi-jambe. A un
certain endroit les traces d'une large patte, qui
semble bien avoir appartenu à un félin, croisent
le sentier et nos guides arabes nous affirment que
ce sont les traces d'une panthère. Les sceptiques
rient, les crédules frémissent, somme toute nul
n'en a cure et nous continuons gaîment notre
chemin qui s'élève sur la pente de la montagne.

Une grimpée assez roide nous amène sur la
crête au milieu d'une forêt de chênes dont les bour-
geons ne sont pas encore ouverts ce qui indique
une altitude assez élevée probablement de 1300 à
1500 mètres, d'après l'altitude générale de cette
chaîne. Nous sommes en plein brouillard; impossible de juger du paysage. Bientôt nous atteignons une prairie où attend un relai de mulets.
Cet indescriptible pêle-mêle de bêtes et de gens
grouillant et s'agitant au milieu du brouillard,
ces muletiers kabyles qui font un vacarme effroyable en s'apostrophant de leur accent rude et gut-

tural, tout cela a un faux air de train d'armée en déroute, fort original. La traversée de la forêt d'Akfadou que nous faisons ensuite est contrariée par le brouillard qui ne permet pas d'en admirer toute l'étendue et l'importance au point de vue de l'exploitation du chêne-liège.

Fatigués de cette longue journée, nous commençons à sommeiller en selle et c'est avec bonheur que nous nous séparons de nos montures à notre arrivée à Taourirt-Ighil, vers six heures. M. Casaubon, colon français qui possède près du village une grande exploitation de liège nous offre une hospitalité très écossaise. Le dîner a lieu dans un pavillon de verdure décoré de drapeaux et d'un lustre fabriqué en écorce de liège ainsi que d'un écusson du C. A. F. fait de même.

Notre dortoir est une grande salle garnie de feuillage, fort agréable, si ce n'était le froid vif qui règne ce soir-là et qui fait apprécier le feu d'un gros tas d'écorces allumé au dehors.

Près de l'exploitation se trouvent quelques gourbis kabyles construits de branchages entrelacés et de boue avec une couverture en liège ou en roseaux retenue comme les toits de nos chalets par de grosses pierres. L'intérieur de ces huttes est des plus primitifs : quelques poteries et quelques nattes et c'est tout. Une femme kabyle assez jolie est en train de tisser un burnous sur un métier de branches de roseau, faisant mouvoir la navette avec ses doigts qui courent avec un rapidité prestigieuse entre les fils.

Le lendemain, enfourchant de nouveau nos mulets de la veille, nous descendons par un vallon boisé d'un caractère alpestre qui débouche dans la grande vallée de l'Oued-Sahel, mais la pluie qui nous a ménagés jusqu'ici se met à tomber à torrents et c'est tout ruisselants que nous arrivons à El-Kseur sur la grande route de Bougie, où s'opère la jonction avec nos collègues de la seconde et de la quatrième caravanes venant d'Akbou.

Toujours accompagnés par la pluie nous roulons en omnibus d'El-Kseur à Bougie en suivant l'Oued-Sahel et le talus de la ligne ferrée en construction. Bientôt nous apercevons la ville pittoresquement juchée sur les flancs de la Gouraïa, sommité de 704 mètres qui s'avance dans la mer comme une muraille et dont le prolongement, qui forme le cap Carbon, protège le port de Bougie contre les vagues de la haute mer.

III

Bougie. — Le Chabet-el-Akra. — Sétif. — Batna.

A l'arrivée par la route de terre, Bougie présente une longue ligne de vieux remparts dominant des parois de rochers dans les anfractuosités desquels s'accrochent partout d'énormes bouquets de cactus. L'aspect extérieur de la ville emprunte à cela une grande originalité. Au détour d'une porte on a tout à coup devant soi la mer bleue et le port avec sa plage ornée d'une ancienne voûte en ruine dite Porte Sarrazine qui forme un pittoresque arceau sur le rivage. Bougie contient du reste une quantité de vieux pans de murailles en ruines, souvenirs de toutes les dominations passées, mais les rues de cette cité sont mornes et dénuées d'intérêt. Les hôteliers de l'endroit ayant fait des misères à la section de la Petite Kabylie du C. A. F., celle-ci répartit les alpinistes chez les bourgeois et nous eûmes la chance, mon ami L. et moi, de tomber chez un lieutenant de tirailleurs algériens qui nous hébergea d'une façon charmante dans son confortable logis de garçon.

Dimanche 2 mai il pleut à verse, ô désastre ! Que faire dans une ville où il n'y a rien à voir ? Les figures des alpinistes s'allongent, on se consulte et des gens bien informés — il y en a toujours — font circuler les bruits les plus décourageants : les rivières ont débordé, les routes sont coupées, des voyageurs arrivés hier au soir ont failli être emportés par les torrents, impossible de partir, etc., etc. Les pressés s'impatientent et veulent organiser des caravanes individuelles qui partiront quand même ; certains de ma connaissance vont demander au préfet s'il ne peut pas leur réquisitionner des mulets, car pour des alpinistes tout doit être possible ! Le préfet les reçoit gracieusement, mais leur répond, avec une pointe de malice..... qu'il n'est pas muletier !

Cependant vers midi, au milieu de ce désarroi, un rayon de soleil perce salué par des hourrahs vigoureux. Les porteurs de mauvaises nouvelles s'éclipsent et le départ officiel est annoncé, mais il faudra scinder les caravanes et couper en deux jours le trajet jusqu'à Sétif.

Nous profitons de l'éclaircie pour grimper à la Gouraïa d'où l'on a la plus ravissante vue des environs. Le regard plonge d'un côté à 700 mètres au-dessous sur la mer bleue qui se brise sur les rochers abrupts du cap Carbon, de l'autre sur Bougie et son port, tandis qu'au fond les montagnes de la Kabylie et la chaîne du Babor étendent leurs croupes verdoyantes.

Lundi 3 mai, le soleil ne nous tient plus rigueur et nos voitures roulent joyeusement sur un bon chemin bordé d'oliviers et de lauriers roses qui longe la mer jusqu'au delà du cap Aokas. La vue limitée à droite par les pentes boisées des montagnes se reporte sans cesse à gauche sur le vaste horizon de la Méditerranée et en arrière sur le joli golfe de Bougie dominé par la Gouraïa. Tournant brusquement le dos à la mer pour nous enfoncer dans l'intérieur des montagnes, nous suivons les bords de l'Oued-Agrioun et vers 4 heures nous nous engageons dans les gorges du Chabet-el-Akra. C'est une immense coupure à pic dans les flancs de la montagne au fond de laquelle coule la rivière. Une belle route carrossable a été évidée dans le rocher et a nécessité un remarquable travail exécuté de 1863 à 1870.

Cette gorge sauvage et magnifique rappelle un peu la route du Simplon près de Gondo ou la Via Mala. Elle s'étend sur une longueur de dix kilomètres avec une grande variété d'aspect, dominée par des parois de rochers abrupts au milieu desquels nichent des quantités de pigeons sauvages. Une dalle naturelle de rocher au bord du torrent porte les noms des officiers du premier régiment de tirailleurs qui passa sur ces rives en avril 1864. Deux sommets jumeaux qui rappellent le profil des Tours d'Aï dominent les gorges du côté de Kerrata, village de colons à la sortie du défilé, où nous couchons.

Nos instincts d'alpinistes réveillés par la vue des montagnes voisines nous engageaient à faire une petite ascension. Aussi laissant dormir le reste de la caravane, nous partions à 3 heures au nombre de cinq à la lueur d'une lanterne, pour grimper le sommet du Djebel-el-Bid qui domine immédiatement les gorges au-dessus de Kerrata. Cherchant notre chemin à tâtons, nous ne parvenons pas à éviter le village indigène au-dessus de notre hôtel et bientôt nous avons à nos trousses tous les chiens kabyles qui se précipitent à notre rencontre la gueule ouverte avec un vacarme effroyable d'aboiements furieux. Nous nous armons de cailloux, mais craignant d'être pris pour des maraudeurs nocturnes et d'avoir maille à partir avec les indigènes, force nous est de battre en retraite et de faire un détour pour tourner le village. A chaque pas nous rencontrons de nouveaux gourbis et de nouveaux molosses dont les hurlements réveillent leurs congénères du village européen si bien que tous les environs retentissent d'un tapage infernal. Au petit jour nous sortons de ce guêpier pour nous élever sur les flancs d'un ravin qui nous amène sur l'arête de la montagne et, à 6 heures, nous atteignons le sommet sans difficulté. L'altitude peut être de 1500 mètres environ. La vue nous cause quelque déception car elle est assez médiocre; on aperçoit cependant à l'ouest la cime neigeuse de la Lella Khedidja et au nord l'entrée des gorges du Chabet, tandis que deux échancrures laissent nettement distinguer la mer avec quatre voiles à l'horizon; à nos pieds s'étendent, du côté sud, des vallonnements verdoyants à perte de vue. De retour à 8 ½ heures, nous roulons sur le chemin de Sétif pour rejoindre notre caravane.

La route de Kerrata à Sétif traverse des mamelons dénudés semés de maigres touffes de bache; par-ci par-là quelques pâturages ou quelques champs d'orge, mais pas d'arbres : paysage somme toute d'une monotonie désespérante où rien ne vient réveiller la somnolence qui s'empare du touriste, si ce n'est de temps en temps une file de chameaux lourdement chargés.

Plus on approche de Sétif et plus le caractère de ce plateau élevé devient laid et pénible pour l'œil d'un alpiniste. La ville de Sétif que nous atteignons vers 6 heures, est en harmonie avec le paysage : à l'entrée triste agglomération de murs de casernes et de bâtiments militaires, à l'intérieur, maussades rues tirées au cordeau avec des maisons à deux étages, des lignées de boutiques désertes sous des arcades et des prétentions à jouer à la grande ville ! Il est possible que ce soit un riche pays pour l'agriculture, mais qu'il est laid pour le touriste et comme les artistes doivent le fuir ! Point de couleur locale du reste et nous en sommes réduits à passer notre soirée dans le grand café de l'hôtel où une duègne de café-concert, flanquée de ses deux filles, braille des airs d'opérettes à la mode.

Mercredi 5 mai. Le chemin de fer de Sétif à Batna traverse de vastes plaines dépourvues d'arbres et de rivières qui ont peu de caractère ; seuls des chaînons de petites montagnes rousses et dénudées limitent au loin l'horizon. De temps en temps quelques huttes d'indigènes et un troupeau qui pâture. A mesure cependant qu'on avance, les montagnes se rapprochent de la voie et leurs flancs nus prennent sous les rayons du soleil des teintes roses d'une note assez caractéristique. Dans la plaine, le long du chemin de fer des tentes de nomades au tissu foncé zébré de raies noires semblent de grosses toiles d'araignée fixées sur le sol.

A El-Kroub la ligne de Batna se détache de celle de Constantine pour tourner au sud et la voie parcourt bientôt un paysage original entre deux chotts : le chott Tinsilt à droite et Mzouri à gauche. Cette eau bleu verdâtre dans laquelle se reflète un sommet rocheux aux assises rougeâtres vermoulues comme des scories, ce ciel bleu et cette lumière enveloppante, ces vols de flamants roses qui s'enlèvent au passage du train, tout cela commence à donner l'impression des teintes chaudes de l'Orient et réjouit les yeux avides d'impressions nouvelles. Quelques alpinistes descendus du train pour goûter l'eau. font une grimace qui ne laisse aucun doute sur la salure et le goût saumâtre de ces lacs.

Batna, où s'arrête provisoirement la locomotive est une ville moderne formée de rues se coupant à angle droit et sans aucun intérêt. Le trajet de Batna à El-Kantra, très monotone, s'opère en voiture en attendant l'ouverture de la ligne ferrée en construction. Sur ce haut plateau à plus de 1000 mètres d'altitude le vent souffle avec violence et le froid se fait sentir très vivement jusqu'à notre arrivée à El-Kantra, que nous atteignons à 11 ½ heures du soir seulement.

IV

Les oasis : El-Kantra, Biskra, Sidi-Okba. — Les Oulad-
Naïl.

Pendant qu'on attelle les équipages, chacun
sort admirer le spectacle pittoresque qu'éclai-
rent les premiers rayons du soleil matinal. Le
relai d'El-Kantra se compose de quelques hô-
telleries et des baraquements des ouvriers du
chemin de fer enfouis sur la rive de l'Oued-Kantra au milieu d'un bouquet de palmiers, de
figuiers et de mûriers ; mais la beauté de l'endroit est toute dans l'énorme et pittoresque coupure, taillée comme par un grand coup d'épée
dans la chaîne de montagnes qui sépare par une
muraille continue les steppes de la plaine. Cette
coupure entre deux immenses parois de rochers
déchiquetés aux teintes d'ocre est d'un aspect

vraiment théâtral. Le décor grandiose et sauvage
de cette porte qu'on a appelée la Porte ou la
Bouche du Désert, laisse entrevoir par son ouverture la forêt de palmiers de l'oasis d'El-Kantra et
au fond à l'arrière-plan une chaîne transversale
de montagnes dénudées, estompées par la brume
du matin. A l'endroit le plus resserré un pont
neuf élevé sur les débris de l'ancien pont romain
et quelques mètres plus haut la ligne ferrée en
construction franchissant la muraille par un hardi
tunnel dans les rochers. Immédiatement à la sortie du défilé commence la grande oasis de palmiers d'El-Kantra dont les arbres, entourés de tout
un système de rigoles et de cuvettes destinées à
l'irrigation, sont divisés par jardinets ceints de
murs en terre avec des tours servant à surveiller
la récolte. Au milieu des palmiers à la frondaison
élégante s'élève le village arabe construit en
plots d'argile séchée au soleil, avec ses ruelles
tortueuses, ses maisons à toits en terrasse soute-
nus par des troncs de palmiers, avec sa population d'enfants aux vêtements bariolés de rouge et
de bleu, ses femmes à l'énorme coiffure de nattes noires chargées de lourds bijoux d'argent.
Voilà bien l'Orient que nous avions rêvé et qui
nous remet en mémoire les tableaux de notre
compatriote Eug. Girardet. Ce peintre a du reste

laissé sa carte de visite sur une porte de l'hôtellerie d'El-Kantra qu'il a décorée de deux char-
mantes études pleines de vérité. C'est ici aussi
qu'il a dû prendre le motif de son « café arabe »
qui figure au salon de cette année : dans une salle
basse deux colonnes en pierre soutenant le pla-
fond de troncs de palmiers; autour des murs un
divan en pierre recouvert ainsi que le sol de nattes d'alfa sur lesquelles des Arabes drapés dans
leurs burnous se livrent à la vie contemplative en
savourant leur *caoua ;* dans un coin un foyer élevé
en forme de four avec quelques tasses rangées
sur des tablettes et de petites cafetières en fer-
blanc au long manche dans lesquelles se prépare
une à une chaque tasse de café.

Après avoir goûté une tasse de cet excellent
breuvage nous nous engageons dans les steppes
arides qui précèdent le désert. La route n'est plus
qu'une trace irrégulière sur le sol pierreux qui
produit de maigres touffes d'herbe et se couvre,
dans le voisinage de la source des Gazelles, d'ef-
florescences salines semblables à une légère pou-
drure de neige fraîche. Les eaux de pluie ne
rencontrant pas de résistance sur ce sol meuble y
tracent les sinuosités les plus bizarres en suivant
les déclivités du terrain et peu à peu, entraînant la
terre à chaque pluie, elles creusent de profondes

crevasses semblables à celles des glaciers, mais contournées et repliées en méandres infinis du plus singulier effet. Il semble que la terre se soit subitement disloquée à la suite de quelque tremblement de terre gigantesque.

Déjeunant à la source des Gazelles, petite oasis créée il y a peu d'années, nous atteignons bientôt l'oasis d'El-Outaïa, dernière station avant Biskra. D'ici l'on aperçoit à quelque distance sur la gauche la montagne de sel, masse blanchâtre assez élevée qui n'est exploitée que par les Arabes des environs.

Une longue traversée de steppe, un passage à gué de l'Oued-Kantra et nous voici enfin au pied de la dernière chaîne de hauteurs précédant le désert. Le désert! ce mystérieux et redoutable Sahara, nous allons le contempler du haut du col de Sfa qui se dresse là devant nous! Il faudrait ne se sentir aucune soif de connaître, aucun sentiment accessible aux grands spectacles de la nature pour ne pas hâter le pas à la montée de ce passage célèbre. Toutefois, comme presque toutes les vues trop vantées, celle-ci n'est pas exempte de déception, car on devine ici le désert bien plus qu'on ne le voit. A nos pieds s'étend une zone de dunes jaunâtres absolument aride; à gauche les contreforts de la chaîne de l'Aurès aux teintes rosées se détachant nettement sur le ciel bleu forment une heureuse opposition à la masse foncée de la grande oasis de palmiers de Biskra située en face, tandis que la ligne vague et infinie de l'horizon brumeux qui s'étend en arrière et sur la droite, semblable à la mer, laisse pressentir l'espace sans bornes de la plaine de sables. Une fois l'œil habitué à la nouveauté du paysage, l'esprit ne laisse pas que d'être saisi par la poésie sévère et sauvage de ce panorama désolé.

Une rapide descente et la traversée des dunes nous amène à la fin de la journée aux portes du Biskra moderne, bourg européen de maisons bordées d'arcades, rangées autour d'une jolie promenade où les plantes luxuriantes des pays chauds forment un dôme ombreux des plus agréable. En arrière s'étendent les rues arabes et plus loin le quartier nègre. Quant au Vieux-Biskra, il forme un village distinct au milieu des palmiers à une assez grande distance au sud-ouest. Nous profitons des quelques instants de la journée qui nous restent pour parcourir rapidement quelques rues et nous pouvons encore jouir de l'admirable effet d'un coucher de soleil, dont les derniers rayons dorent les sommets de l'Aurès des teintes roses les plus délicates, pendant que le pied de la chaîne

et le désert environnant se noient dans une brume
bleuâtre.

Le soir on se dissémine à travers les rues de
Biskra à la recherche de la couleur locale. La
couleur locale ici ce sont deux rues qui présentent la nuit le plus curieux aspect, avec leurs maisons basses bordées de balcons en moucharabiehs
avançant au-dessus de la rue, leurs innombrables
petites lanternes accrochées au-dessus de chaque
porte, qui simulent une illumination et la foule
grouillante d'Arabes et de nègres qui s'y pressent. Ce quartier morne le jour prend le soir une
animation extraordinaire. De chaque boutique
transformée en café s'échappent les sons grêles et
nasillards de la flûte de roseau et le bruit sourd
du tambourin. Entendus de loin, dans le silence
de la nuit étoilée, les sons de cette musique grave
et monotone, pareils au chant des cigales dans la
nature assoupie, ne manquent pas d'une certaine
poésie qui porte à la rêverie, mais de près, à l'intérieur d'un café, si cet orchestre est encore dou-
blé — comme nous l'avons entendu — d'une espèce de clarinette dans laquelle un gaillard aux
poumons prodigieux souffle pendant une demi-
heure comme un soufflet de forge, alors c'est un
vacarme abominable qui vous ébranle le système
nerveux, s'il ne vous fait pas tomber en hynop-

tisme ou ne vous rend pas complètement sourd ! Ce n'en est pas moins un curieux spectacle que celui d'un café bondé d'Arabes, accroupis sur les divans de terre qui bordent les murs, avec un étroit espace au centre où des danseuses Ouled-Naïl exécutent la fameuse « danse du ventre. » L'ensemble du spectacle est fort curieux, mais la danse elle-même est assez niaise, car elle consiste en des déhanchements qui se traduisent par les oscillations d'une énorme ceinture en métal argenté dont est ceinte la danseuse. Il n'y a pas la moindre variété ni la moindre grâce dans ces mouvements toujours les mêmes. C'est tout au plus lascif et voilà tout ! Les indigènes, eux, paraissent trouver un grand charme à ce spectacle ; pour nous il nous lasse vite et nous allons plus loin à la recherche d'impressions nouvelles. Voici encore des cafés et encore des danseuses. Quelques-uns de ces réduits sont si exigus qu'il y a tout au plus place pour une dizaine de clients et que la danseuse doit évoluer sur un espace grand comme un plateau. Dans un coin un réchaud sert à la confection du café ; l'odeur du charbon, de l'encens, la fumée et la chaleur épouvantable de ces bouges sans air nous en font fuir aussitôt à moitié asphyxiés pour chercher un peu de fraîcheur dans la rue. Assise sur chaque pas de porte une femme Ouled-Naïl à l'énorme coiffure, au teint bistré, à l'air grave, attend silencieusement, comme l'araignée, que la proie se jette dans sa toile. « Chez ces tribus arabes, dit E. Reclus, ce ne sont point les jeunes hommes qui émigrent pour chercher fortune, ce sont les jeunes filles, renommées pour leur beauté, qui vont par bandes s'établir dans les ksour ou dans les villes du littoral pour gagner leur dot par la prostitution. Elles attendent devant leurs portes, raides, silencieuses, parées comme des idoles, pouvant à peine se remuer sous le poids des lourdes étoffes, des ornements et des bijoux faux. Quelques-unes émigrent sans esprit de retour; celles qui ont des filles les gardent auprès d'elles, mais celles qui donnent naissance à des garçons les renvoient dans la tribu d'origine. Les hommes sont parmi les plus beaux des Arabes, mais on les dit de mœurs efféminées; ils excellent à jouer de la flûte [1]. »

Vendredi 7 mai nous partons pour l'oasis de Sidi-Okba à vingt kilomètres sud de Biskra. Quelques-uns essaient pour s'y rendre des chevaux arabes. Ils constatent à leurs dépens que si les montures sont sellées à la diable, en revanche les jarrets de ces chevaux sont d'acier et

---

[1] E. Reclus, *Géograph. universelle :* Afrique septentrionale.

qu'une fois lancés on ne les arrête plus. Quelle chevauchée folle ! ils s'en souviendront longtemps !

L'oasis de Sidi-Obka se voit dès la sortie de Biskra comme une tache de végétation sur la ligne uniforme du désert qui s'étend en face et sur la droite à perte de vue, tandis qu'au loin sur la gauche les derniers prolongements de l'Aurès limitent l'horizon. Au pied de ces sommets une petite oasis de palmiers se réflète distinctement en apparence dans une nappe d'eau. Comme la carte n'indique pas de chott dans cette direction et que le soleil déjà chaud développe de ce côté une buée bleuâtre nous sommes à n'en pas douter en présence d'un phénomène de mirage. Je compris alors ce supplice des caravanes tourmentées par la soif en face de cette illusion décevante d'un lac aux eaux claires dont les rives fuient toujours !

Sidi-Obka est le type de la vraie oasis arabe, entourée de tous côtés par la plaine déserte et ne présentant plus aucune trace de civilisation européenne : point d'hôtellerie, point de colons ni de militaires; rien que la population indigène et le village de maisons en terre aux rues étroites et tortueuses, dont la tour de la mosquée domine seule la forêt de palmiers. Reclus et Piesse[1] s'ac-

---

[1] E. Reclus, *Géographie universelle :* Afrique septentrionale. Piesse, *Guide de l'Algérie.*

cordent à dire que Sidi-Okba contient une triste population de mendiants et d'infirmes et que les aveugles, les lépreux, les gens atteints de maladies d'yeux y foisonnent. Pour l'instant nous ne voyons pas de lépreux et tous les habitants ne sont pas infirmes, mais beaucoup d'enfants semblent en effet avoir les yeux malades, et ce qui nous frappe ce sont les mouches qui s'abattent par nuées sur la figure de ces malheureux et qu'ils ne prennent pas la peine de chasser. La mosquée de Sidi-Okba contient le tombeau d'Okba-ben-Nafi, le fondateur de Kairouan qui périt en l'an 60 de l'hégire sous les coups des Berbères chrétiens révoltés. Cette mosquée, un des plus anciens monuments de l'islamisme en Algérie est un lieu de pèlerinage célèbre. Elle possède une école de droit musulman. Lorsque nous la visitons elle est occupée par de nombreux fidèles, qui marmottent leurs prières sur le rythme chantant particulier aux petits enfants de nos écoles qui épèlent leurs rudiments. La température ce jour-là est à midi, à l'ombre des palmiers, de 21° centigrades et de 30° à 32° au soleil. Nous sommes donc encore loin des chaleurs qui font monter le thermomètre jusqu'autour de 50 degrés en été !

Sur la route, au retour, au moment du coucher du soleil, nous voyons des indigènes réciter leurs prières au milieu du chemin. Tournés vers l'Orient, ils étendent les mains et se prosternent jusqu'à terre touchant le sol de leur front et le baisant avec ferveur à maintes reprises sans se préoccuper des passants.

A l'entrée de Biskra se trouve la propriété de M. Landon, riche amateur qui a créé là à grands frais un jardin admirable tout rempli de fleurs et de plantes remarquables croissant à l'ombre des palmiers et qui l'a libéralement ouvert à tous les touristes passant à Biskra. — Ce jour-là des danses nègres exécutées à la lueur des flambeaux, devant les hôtels, terminèrent la soirée.

Avant de quitter Biskra, visite au village arabe du Vieux-Biskra, situé à trois kilomètres plus loin au milieu des palmiers. Il est précédé par des ruines. Les maisons construites en tôb comme celles d'Okba ou d'El-Kantra forment des rues pittoresques mais ne différant guère de celles de ces deux localités. Par-ci par-là une colonne en pierre évidemment d'origine romaine est encastrée dans les murs et rappelle que les maîtres du monde ancien se sont avancés jusqu'ici. Désireux de ne pas manquer la vue du monument le plus considérable que ces derniers aient laissé en Algérie, les ruines de L'ambèse, nous quittions Biskra une demi-journée avant le reste de

la caravane pour avoir le temps de nous y arrê-
ter.

Au départ, vers midi, le thermomètre accuse
32° à l'ombre; aussi, parvenus au passage à gué
de l'Oued-Kantra, nous laissons nos vêtements
dans la voiture pour barboter joyeusement dans
l'onde jaunâtre de la rivière.

V

Les ruines de Lambèse. — Constantine. — Hammam-
Meskhoutine.

Revenus à Batna le dimanche à midi, nous
nous rendions le même jour à Lambèse, dis-
tante de onze kilomètres et située au pied d'un
amphithéâtre de collines en pente douce, contreforts de l'Aurès, dont les flancs boisés contras-
tent avec la nudité des environs de Batna. Entre
les collines et cette dernière ville s'étend une
grande plaine cultivée. C'est au sommet de cette
plaine que s'élevait la Lambaesis des Romains
fondée au commencement de notre ère et quartier général de la troisième légion. Les ruines dis-
séminées au milieu des champs sur un espace de
plusieurs kilomètres parlent plus à l'imagination
qu'aux yeux. Cependant la quantité énorme de

3*

débris qui jonchent le sol, les nombreuses inscriptions qu'on rencontre à chaque pas (M. Léon Rénier en a publié plus de 1400), les restes grandioses des arcs de triomphe, des temples et des aqueducs, tout accuse la grandeur de cette civilisation qui a laissé sur tous les points du monde ancien les restes étonnants de sa puissance. Malgré l'abàndon de ces ruines qui ont servi durant des siècles de carrière à bâtir aux populations avoisinantes, il subsiste quelques restes remarquables. Des quarante portes ou arcs de triomphe vus par Peyssonel au siècle dernier, quatre sont encore debout. Le monument le plus complet est le Prétoire, grande construction carrée percée de vastes portes d'où partaient des voies dallées passant sous des arcs de triomphe. Il sert aujourd'hui de musée et se trouve rempli de statues et d'inscriptions trouvées dans les fouilles, qui sont malheureusement exposées aux intempéries dans ce local à ciel ouvert. On reconnaît encore l'emplacement du cirque ainsi que les restes des thermes. Enfin le temple d'Esculape présente encore quelques colonnes de son péristyle, l'escalier d'entrée et les restes de la façade avec une dédicace de Marc-Aurèle.

L'abandon de ces débris qui seraient ailleurs soigneusement collectionnés est fort regrettable;

d'autre part le désordre de ces chapiteaux corinthiens, de ces tronçons de colonnes à demi enfouis, de ces marbres et de ces inscriptions couchés dans l'herbe comme le temps les y a jetés, ne manquent pas d'une certaine poésie mélancolique qui fait-rêver aux splendeurs de ces puissantes civilisations du monde ancien, balayées et anéanties successivement par la main implacable du temps !

Lundi 10 mai Le touriste arrivant à Constantine par le chemin de fer est tout d'abord frappé au sortir de la gare par la profonde fissure du Rummel que l'on traverse sur un pont hardi pour entrer dans la ville. En présence de ce précipice énorme taillé dans le rocher par la lente action des eaux et qui isole la ville sur une presqu'île de rochers abrupts, on comprend qu'avant l'invention des canons à longue portée, Constantine devait être quasi-imprenable. La porte qui défend le pont franchie, on se trouve dans la rue Nationale, une des larges artères ouvertes au travers des quartiers arabes et qui monte vers le centre de la ville. Nous visitons d'abord le musée qui contient une intéressante collection de monnaies et d'antiquités romaines trouvées dans les environs, puis la mosquée de Souk-er-Rezel transformée en église catholique ; elle possède des détails d'ornementation arabe très remarquables, mais son affectation actuelle l'a défigurée. Non loin de là sur la place du Palais est le palais d'Hadj-Ahmed construit par le dernier bey peu de temps avant la prise de Constantine. Il est occupé actuellement par le général de division et son administration militaire. Ce palais est surtout remarquable par les trois cours intérieures entourées de galeries à colonnettes qui forment des jardins délicieux pleins d'ombre et de fraîcheur. Les faïences décoratives, les portes en bois sculpté aux lourdes ferrures, les grosses lanternes suspendues à chaque arceau, contribuent à l'originalité et au caractère bien mauresque de cette demeure, dont les murs sont couverts de fresques naïves représentant des batailles navales.

Mais la plus grande curiosité de Constantine ce ne sont pas ses monuments, ce sont les quartiers arabes, si pittoresques avec leurs enfilades de rues tortueuses, leurs maisons surplombantes, leurs passages sombres et les innombrables boutiques de cordonniers, de selliers, d'orfèvres, de chaudronniers, de forgerons, où l'on voit travailler chaque industriel comme dans une exposition. Ces rues étroites grouillent d'une population étrange et bariolée sur laquelle les mœurs de l'occident semblent n'avoir aucune prise. La civilisation européenne est là, à deux pas, dans la rue voisine, mais on dirait deux courants qui coulent côte à côte sans se mélanger et on se croirait transporté dans une de ces villes lointaines qui servent de cadre aux récits des *Mille et une nuits*. Certaines rues des quartiers indigènes sont habitées par les Juifs, très nombreux à Constantine. Par les portes entrebaillées on aperçoit des familles entières accroupies dans les cours, les femmes avec leur petit bonnet conique et leurs costumes aux couleurs voyantes, occupées à coudre ou à laver du linge, les enfants jouant sur les dalles humides, pendant que les hommes trafiquent dans les boutiques.

Mardi 11 mai, sous la conduite de membres de la section de l'Aurès du C. A. F. nous visitons les gorges du Rummel en suivant un pittoresque sentier qui longe le gouffre, sentier tout spécialement réparé et mis en état en notre honneur. De là on peut admirer les gigantesques parois de rocher qui servent de rempart à la ville et d'où l'on précipitait autrefois les condamnés ou les femmes adultères dans le torrent qui bouillonne au fond de la sombre fissure. Le sentier tourne ensuite à droite pour descendre en zigzag dans la vallée inférieure. A la base des rochers une source d'eau pure à la température de 30° environ se déverse dans une vaste et délicieuse piscine entourée de bouquets d'eucalyptus; c'est la source d'Aïn-Sidi-Mecid très fréquentée de la population de Constantine. A cette heure matinale les bains sont déserts, aussi à la vue de cette eau limpide et profonde pas un alpiniste ne résiste à la tentation et jeunes et vieux jetant bas leurs vêtements avec une égale ardeur, se précipitent dans l'eau bleue qui rejaillit bientôt sous les joyeux ébats de cette armée de tritons. Oh! le délicieux bain et la charmante surprise que nous eûmes là! On comprend le culte des anciens pour les sources et leurs poétiques fictions en présence d'un lieu pareil sous cette latitude. Quittant à regret cette naïade enchanteresse nous descendons dans la gorge même du Rummel, que nous traversons sur une passerelle volante au-dessus de la cascade que le torrent forme en cet endroit et non loin d'une imposante arche de pont naturelle formée par les rochers, pour remonter ensuite au square Valée, élégant jardin public qui contient un grand nombre d'inscriptions romaines recueillies dans les substructions de l'ancienne Cirta. L'après-midi nous terminons la visite des gorges en allant voir la pointe de Sidi-Rached où le Rummel s'engage dans les rochers. De ce côté les roches grises forment un triangle incliné sur lequel reluit la masse blanche des maisons arabes aux toits rougeâtres, couverts en tuiles courbes, où perchent de nombreuses cigognes qui détachent leur silhouette immobile sur le ciel bleu.

Vue des hauteurs qui dominent la place de la Brèche, Constantine, étagée en pente douce sur une immense table rocheuse, présente un aspect très pittoresque avec ses maisons pressées en rangs serrés. Pressée aussi par l'espace trop étroit, la population indigène a débordé hors de la ville et a couvert un talus, près de la porte occidentale, d'un village de baraques sordides construites de débris de toute espèce, où s'étale une véritable foire très animée et du plus curieux aspect. Ici des forgerons martèlent en se trémoussant de la plus drôle de façon, là des rotisseurs en plein vent font griller des morceaux de viande enfilés en brochette sur des aiguilles de bois, plus loin des Arabes paresseusement couchés à côté de grosses jarres de lait attendent la pratique, pendant que les chameaux, les ânes, les mulets se bousculent dans ces étroites ruelles. Cette population de métis et de gens appartenant à tous les coins de l'Algérie a été baptisée de l'appellation originale de « Béni-Ramassés [1] » qui rend bien l'impression causée par ce ramassis si extraordinaire de choses et de gens.

[1] E. Reclus, *Afrique septentr.*, p. 598.

En l'honneur des alpinistes cette journée se termina par une grande fantasia à pied donnée par les Mozabites. Sur la place de la Brèche une troupe de deux cents Mozabites environ, armés de fusils de tout calibre et d'énormes tromblons d'une embouchure fantastique, firent retentir les airs d'une fusillade endiablée. Rien de plus drôle que ces grands enfants grisés par l'odeur de la poudre, courant par groupes à la rencontre les uns des autres et se déchargeant mutuellement leurs fusils dans les jambes avec les gambades les plus fantaisistes, puis fuyant ensuite, drapeaux déployés, pour aller recharger leurs armes, pendant que d'autres groupes se précipitent sans cesse dans la mêlée en poussant des clameurs retentissantes. Il semble une armée de démons se débattant dans la fumée.

Le lendemain les groupes se scindent ; les uns vont à Philippeville et Bône attirés par la réclame ronflante qu'on leur a faite en leur disant que la municipalité de Philippeville avait voté 10,000 francs pour les recevoir, les autres — nous sommes du nombre — préfèrent laisser les punchs et les discours pour visiter les sources d'Hamman-el-Meskhoutine en se rendant à Guelma.

Hamman-el-Meskhoutine est un gracieux endroit situé sur les pentes d'un cirque de collines boisées dans un paysage tranquille qui repose de l'agitation des rues de Constantine. A quelques cents mètres de la gare on arrive au bord d'un ruisseau qui longe une éminence de terrain et tout d'un coup, à travers la verdure foncée des oliviers on aperçoit une masse blanche qui dégringole en cascade et produit l'illusion frappante d'une cascade de séracs au bas d'un glacier; seulement, au-dessus de cette chute, une vapeur épaisse apprend qu'il s'agit non pas de glace mais d'eau bouillante à 95° centigrades. Cette eau abandonne partout sur son passage et principalement sur les rochers d'une dizaine de mètres de hauteur qui forment la cascade un dépôt calcaire épais et très abondant qui recouvre la roche d'une couche laiteuse teinte par places de rouille par les oxydes de fer ou passant au gris cendré dans les parties desséchées soumises à l'action du temps. Les Arabes des environs utilisent les vasques d'eau bouillante pour y cuire des œufs ou préparer leur café. Toute la plaine située au-dessus de la cascade présente un spectacle non moins pittoresque : elle est parsemée de cônes de toute dimension percés d'un trou à leur sommet, qui ont été formés anciennement par les eaux. Chaque source en déposant autour d'elle des sédiments élevait peu à peu ces petits volcans, puis lorsque l'eau avait atteint son niveau naturel ces sortes de geysers tarissaient pour se reformer un peu plus loin. Le paysage formé par ces monticules est fort étrange et a donné lieu à une légende arabe d'après laquelle ces cônes sont les personnages d'une noce incestueuse changée en pierre avec tous ses invités ; d'où le nom de « Bain des maudits. » Toute cette région est du reste abondante en curiosités naturelles et nous visitons encore à deux kilomètres de l'hôtel un lac souterrain mis au jour il y a quelques années par l'effondrement d'une partie de la voûte de la caverne qui le recèle. La tranchée du chemin de fer elle-même est blanchie par les dépôts d'une source qui lance ses jets de vapeur au milieu des convois. Ces eaux connues des Romains sous le nom d'Aquæ Tibilitanæ sont utilisées par un hôpital militaire et un établissement thermal dans la cour duquel sont rassemblées quelques antiquités romaines trouvées aux environs.

Après une charmante journée passée dans ces lieux intéressants, le train nous déposait à Guelma, ville moderne peu intéressante où nous passions la nuit et le lendemain la locomotive nous emportait vers Tunis.

VI

La Medjerda. — Les douaniers tunisiens. — Tunis et
Carthage.

La ligne de Guelma à Tunis suit d'abord le
cours de la Seybouse pour s'engager ensuite dans
la vallée de l'Oued Melah et remonter de 700 mètres jusqu'au col de Fedj-Makta qu'elle franchit
par un tunnel. A mesure qu'on s'élève un beau
panorama se déroule sur la vallée, puis à partir
de Souk-Ahrras la voie redescend dans la vallée
de l'Oued Medjerda en suivant constamment les
bords de la rivière au milieu d'un paysage sauvage et accidenté tout semé d'oliviers et de chê-
nes-liège. La Medjerda est sujette à des crues for-
midables dans la saison des pluies. L'hiver dernier
elle a démoli la ligne sur plusieurs points, aussi
notre train marche avec une prudente lenteur

crainte d'éboulements et nous voici obligés de transborder à l'entrée d'un tunnel où le magnifique viaduc qui traverse la rivière, tout construit en fer sur des piles en maçonnerie, a été emporté par la violence des eaux. La carcasse du pont lancée comme un fétu à 50 mètres plus bas gît dans le sable où de nombreux ouvriers travaillent à la relever.

Après un transbordement laborieux et la traversée du tunnel nous arrivons à Ghardimaou. Ici frontière tunisienne et douane. Une douane tunisienne, cela doit ressembler aux douanes turques, et chacun s'imaginant des gabelous féroces qui vont se ruer sur les bagages et ne les lâcher que moyennant le *bakchich* de rigueur, porte instinctivement la main à son porte-monnaie, mais, ô surprise, ces douaniers sont des Français aimables qui refusent de laisser ouvrir nos valises et qui — c'est un comble! — nous offrent du champagne!... Eh! oui, du champagne! Ces braves gens qui s'ennuient mortellement sur cette frontière déserte, ne trouvaient pas d'autre moyen de témoigner la joie qu'ils avaient à voir des figures européennes. Aussi je laisse à penser si nous choquons nos verres cordialement avec ces dignes représentants du fisc! Discours, poignées de main, c'est à rendre protectionnistes les partisans les plus endurcis du libre-échange ! Cependant le train siffle, trois hourrahs pour la douane de Ghardimaou et notre convoi roule sur la plaine de la Medjerda. Encore un viaduc renversé par la rivière, nouveau transbordement ; la nuit enveloppe peu à peu la vaste plaine de ses voiles et nous sommeillons jusqu'au moment où le cri de Tunis ! nous réveille brusquement vers minuit.

Vendredi 14 mai. Le C. A. F., chose remarquable, possède déjà une section à Tunis, dans cette ville encore si orientale, et c'est sous la conduite des membres de la petite section de Carthage que nous commençons notre visite de la ville. La grande cité est dominée par la Kasbah, ancienne forteresse du bey, aujourd'hui caserne française. Du haut de ce fort, énorme masse carrée de maçonnerie en partie ruinée, on domine la vaste agglomération de maisons blanches et de mosquées qui l'entourent comme un croissant ; d'un côté le golfe avec ses eaux bleues, le lac de Tunis, le port de la Goulette et les montagnes découpées qui ferment l'horizon, de l'autre le lac Sedjoumi, la plaine verdâtre et surtout l'étrange dentelle que découpe du côté du Bardo la longue ligne d'arcades roses, restes des anciens aqueducs de Carthage. Nous visitons ensuite le palais du bey contenant quelques restes intéressants de décoration

arabe, mais meublé à l'européenne avec force ori-
peaux de mauvais goût et somme toute peu remarquable. Près de là des industriels qui se fournissent
à bon marché de marchandises dans les ruines de
Carthage ou des environs vendent comme matériaux à bâtir des tronçons de colonne, des chapiteaux ou d'autres débris dont l'origine romaine
est évidente.

Les monuments de Tunis sont peu nombreux,
ses mosquées fermées aux Européens, aussi la
plus grande curiosité de Tunis réside-t-elle dans
son enchevêtrement de rues tortueuses et pittoresques et dans le mouvement de la population
bariolée qui s'agite dans leur étroit espace. Les
vêtements sont ici plus luxueux; l'emploi des
étoffes roses ou bleues, les burnous de fine laine
et la recherche apportée dans toutes les pièces du
costume accusent une élégance et une aisance
plus grandes que dans les villes d'Algérie. Les femmes voilées de noir ont à quelques pas l'apparence
de négresses et leur tournure est peu attrayante;
en revanche les juives présentent de fort beaux
types aux yeux superbes et leur costume est très
original : il se compose d'un bonnet pointu, d'une
sorte de blouse flottante très courte et d'un pan-
talon ou caleçon collant du plus étrange aspect.
Les femmes juives de même que les musulmanes

sont en général très grasses, l'embonpoint étant considéré comme une beauté. En parcourant les rues de la ville nous croisons le cortège d'une noce arabe; c'est une longue file d'ânes et de mulets chargés des cadeaux destinés à la fiancée. Chaque cavalier tient entre ses bras un gros coussin bariolé bourré de présents, tandis que sur d'autres montures sont chargées des meubles, commodes, etc. Une espèce de héraut précède le cortège et tous les vingt pas il s'arrête pour déclamer à haute voix les mérites de l'épousée; lorsqu'il a achevé sa harangue, le cercle des gamins et des curieux applaudit en faisant avec ensemble une révérence accompagnée de bruyantes acclamations.

L'après-midi nous nous rendons au fort de Sidi-Bel-Hassen à l'extrémité sud de la ville. En traversant les rues nous regardons curieusement les types variés de cette étrange population. Une vieille négresse que notre regard inquiète trouve que nous avons le mauvais œil et pour s'en prémunir elle étend instinctivement la main dans notre direction en écartant les cinq doigts. Il paraît que c'est souverain contre la *jettatura*.

Après avoir traversé le cimetière musulman où pousse partout la mauvaise herbe comme dans un lieu abandonné, nous grimpons la colline dominée par le fort d'où l'on découvre un admirable panorama sur Tunis et son golfe. D'ici la masse blanche de la ville couchée dans la plaine rase entre ses deux lacs, se présente dans tous ses détails. Au loin la pointe de Sidi-Bou-Saïd avec ses villas et ses jardins, puis la Goulette dont les maisons se détachent sur une étroite bande de terre, enfin le golfe avec ses eaux bleues et sa ceinture de montagnes aux formes variées. Retenus longtemps en admiration par ce beau spectacle nous nous décidons avec peine à regagner Tunis, tout en flânant le long des boutiques et des cafés maures.

Samedi 15 mai. Ce jour-là le bruit court que le bey se rendra au Bardo pour y faire pendre cinq pauvres diables qui ont eu à répondre de leurs forfaits devant sa haute justice. Le bey, cinq pendaisons! quelle chance pour un reporter! Aussi en l'absence de ceux de la « Tribune » l'auteur de ces lignes voit-il là une superbe occasion de faire frémir les âmes sensibles de ses amis, par la narration d'une exécution musulmane et il se précipite dans une voiture, son crayon d'une main, son calepin de l'autre, suivi par quelques collègues avides d'émotions fortes! En chemin nous sommes dépassés par le train beylical garni de gros personnages en redingote, coiffés de fez rouges et bientôt nous arrivons sur une place derrière le palais où se pressent une foule de voitures et de piétons comme sur un champ de courses. Une vaste porte à l'air sinistre est ouverte, gardée par des soldats; des officiers du bey vont et viennent et tout semble se préparer pour l'exécution. Nous attendons une heure, deux heures, lorsque la nouvelle se répand que le bey qui, comme le feu roi de Bavière, aime à garder ses petites représentations pour son seul usage, a renvoyé la pendaison pour un autre jour. Peut-être aussi a-t-il fait grâce moyennant finance? Quoi qu'il en soit, ses voitures défilent au grand trot précédées d'une escorte armée emmenant S. A. et sa suite au palais voisin de Kassar-Saïd, tandis que la foule désappointée s'écoule et que le reporter improvisé rentre piteusement son carnet.

Pour faire diversion aux mœurs des maîtres actuels de Tunis il n'est rien de tel qu'une visite aux ruines de Carthage. Le chemin de fer de la Goulette y conduit en quelques minutes.

Ce nom célèbre de Carthage éveille l'idée de ruines grandioses en rapport avec le bruit que cette cité a fait dans le monde antique; malheureusement les débris de la ville phénicienne et romaine abandonnés depuis tant de siècles au pillage n'ont laissé que bien peu de traces. Les citernes seules et le port offrent encore quelque intérêt pour les yeux, mais pour celui qui aime à évoquer les images des temps lointains et à rêver sur la philosophie de l'histoire, il trouvera une grande poésie à s'attarder parmi ces débris. Le port consiste en deux lacs arrondis au bord de la mer, avec une petite île au centre; quant aux citernes, c'est une suite remarquable de vastes réservoirs de forme ellipsoïde revêtus de ciment et couverts par de solides voûtes en maçonnerie reliées par des galeries L'immensité de ces citernes, l'énorme espace qu'elles occupent, l'épaisseur des murailles et la solidité de la construction, tout accuse l'importance que les anciens attribuaient à l'eau potable et la puissance de la cité qui a exécuté ce travail gigantesque à une époque aussi reculée. Non loin des citernes, au bord de la mer, le gymnase et le théâtre ont laissé des ruines consistant en énormes pans de murs si épais et si solides qu'ils semblent des conglomérats naturels et que l'eau de la mer qui en baigne une partie n'a pu depuis tant de siècles en détacher les pierres. Couchés dans le sable de la plage, quelques tronçons de colonnes, de gigantesque dimension, ont bravé la rapacité des constructeurs par l'énormité de leur masse et disent encore la grandeur et la puissance de Carthage. C'est là tout ce qui reste debout, mais le musée créé par les pères missionnaires dans le cloître voisin de la chapelle de Saint-Louis, sur la colline de Byrsa, contient une collection fort curieuse de lampes puniques et romaines, de statuettes et de bas-reliefs de toute espèce, tandis que les murs du jardin sont couverts, comme d'une mosaïque, par d'innombrables fragments d'inscriptions recueillis dans les ruines et enchâssés sur la muraille. Cette visite intéressante ne peut être mieux terminée que par une excursion à la pointe de Sidi-Bou-Saïd, promontoire qui s'avance dans le golfe dominé par un phare et sur les hautes falaises duquel est niché un coquet village de villas tunisiennes noyées dans la verdure. Du phare on a une vue admirable sur le golfe, la Goulette, les villas de la Marsa et Tunis.

Le Bardo, palais du bey, dans la plaine à l'ouest de Tunis, est une des curiosités visitées par le touriste. Pour une curiosité, c'en est une, si l'on entend par là une chose étrange à voir. Étrange en effet est cette agglomération de palais, de tours, de casernes, dont la moitié tombe en ruine et qui réunis par une enceinte commune forment une véritable ville à l'aspect à la fois sinistre, imposant et misérable. Le palais du bey, seule construction où sont admis les visiteurs, est une masse informe de maçonnerie dont la cour, dite des Lions, est l'unique partie ayant quelque caractère. Les salles du palais sont meublées à l'européenne avec le plus parfait mauvais goût et une profusion de dorures. Une des salles contient les portraits de tous les souverains de l'Europe et ce ne sont certes pas des toiles de maîtres ! Le palais de Ksar-Saïd près du Bardo, meublé dans le même goût, n'est guère plus intéressant. Ce qui l'est davantage c'est l'aqueduc romain à la longue lignée de hautes arcades parfaitement conservées sous lesquelles on passe pour arriver au Bardo. Vus à quelque distance ces arceaux grandioses, qui se détachent en rose sur le fond sombre de la plaine, ont un aspect théâtral et saisissant.

A quelques kilomètres du Bardo se trouve le joli village de la Manouba formé de palais et de villas avec de magnifiques plantations d'orangers.

De quelque côté qu'on rentre dans Tunis on ne peut en approcher sans passer sous les murs d'énormes masses rondes qui sont de vieux forts pittoresques aux murailles ventrues à demi effondrées, percées de meurtrières par lesquelles de gros canons à l'air féroce semblent vouloir vomir la mitraille sur les promeneurs, mais on n'a qu'à s'en approcher pour constater l'impuissance de cet appareil militaire vieux d'un siècle.

La partie la plus intéressante de Tunis est sans contredit les souks ou bazars situés au centre de la cité. C'est un entrecroisement de ruelles sombres, pour la plupart couvertes par des voûtes reposant sur des colonnettes basses, éclairées de distance en distance par un trou rond qui envoie un jour discret sur l'étalage des boutiques bordant l'étroit passage. Chaque industrie occupe une rue distincte. Voici d'abord le bazar des parfums, rempli de senteurs pénétrantes, où le marchand attend paresseusement le client couché au milieu de ses flacons et de ses corbeilles de feuilles de roses ; plus loin ce sont les marchands de babouches, les foulards aux couleurs éclatantes tissés d'or et d'argent, les étoffes de toute sorte, les vieilles armes, les plateaux de cuivre ; voici le souk des bourreliers avec les riches harnachements de cuir brodés d'or sur fond de velours, les saches en maroquin de couleurs variées soutachées d'arabesques, les sachets papillotants de mouchets multicolores ; puis ce sont les bijoutiers avec leurs bracelets brillants, leur outillage primitif, leur petite forge couverte de quelques charbons qu'ils attisent avec un éventail ; voici encore les marchands de chéchias, le bazar des haïks et des burnous grouillant d'une foule serrée d'indigènes ; voici enfin le plus curieux de tous, le bazar

des vieux vêtements où se bouscule une foule
pressée de femmes musulmanes, jeunes et vieilles,
se disputant à l'enchère des costumes plus ou
moins fanés ou discutant avec les marchands les
mérites de la marchandise étalée devant elles.

Quel aspect intéressant pour le touriste qui
flâne au milieu de ce kaleïdoscope incessant, de
cette foule bariolée, houleuse et bruyante!
Comme on se sent bien transporté ici au milieu
du véritable Orient aux tableaux étranges et lu-
mineux, au sein de cette orgie de couleurs éclatantes et de formes pittoresques qui feraient la
joie d'un artiste et désolent celui qui ne sait tenir
un crayon!

On ne peut s'arracher à ce régal des yeux, on
voudrait ne plus trouver l'issue de ce labyrinthe
si plein de surprises toujours nouvelles et pour-
tant il faut partir! Le paquebot fume là-bas en
rade de la Goulette!...

Au moment de monter à bord — est-ce une
illusion de ce pays du mirage, ou partirions-nous
pour Stamboul en quête d'une nouvelle féerie? —
tous les passagers semblent être des Osmanlis.
Hélas non! nous voguons bien pour l'Europe; ces
Osmanlis sont de bons alpinistes qui comme de
grands enfants se sont tous coiffés d'une chéchia
— tous *Teurs!* — à la manière de Tartarin!

Quelques tours d'hélice, une belle nuit sur la mer tranquille, les côtes de la Sardaigne qui fuient à l'horizon et le sifflet rauque du vapeur nous réveille à la vie agitée et banale de l'Occident : c'est Marseille.

Ici nous pouvons dire, comme Edmondo de Amicis quittant Constantinople : c'est fini; mon beau rêve oriental est fini !